BEI GRIN MACHT SICH IHR WISSEN BEZAHLT

- Wir veröffentlichen Ihre Hausarbeit,
  Bachelor- und Masterarbeit

- Ihr eigenes eBook und Buch -
  weltweit in allen wichtigen Shops

- Verdienen Sie an jedem Verkauf

Jetzt bei www.GRIN.com hochladen
und kostenlos publizieren

Bibliografische Information der Deutschen Nationalbibliothek:

Die Deutsche Bibliothek verzeichnet diese Publikation in der Deutschen National-
bibliografie; detaillierte bibliografische Daten sind im Internet über http://dnb.d-
nb.de/ abrufbar.

Impressum:

Copyright © 2015 GRIN Verlag, Open Publishing GmbH
Druck und Bindung: Books on Demand GmbH, Norderstedt Germany
ISBN: 978-3-656-87507-9

Dieses Buch bei GRIN:

http://www.grin.com/de/e-book/287293/butter-oder-margarine-vorteile-von-mar-
garine-im-ernaehrungsplan

Sven-David Müller

Butter oder Margarine? Vorteile von Margarine im Ernährungsplan

Oder: Wie Milchkühe gequält werden

GRIN Verlag

Butter oder Margarine – Margarine ist gesünder, preiswerter und praktischer als Butter

Wie Milchkühe gequält werden

von Dr. h.c. (AM) Sven-David Müller, MSc.

In den letzten 25 Jahren bin ich tausendfach von meinen Patienten gefragt worden, welches Streichfett optimal ist. Aber auch bei Kongressen, in Seminaren für Ärzte und Apotheker, in Interviews und meiner Vorlesungstätigkeit stand immer wieder Frage im Raum, ob Butter besser als Margarine oder Margarine besser als Butter ist. Was sagen Ernährungswissenschaft und Ernährungsmedizin zu dieser Frage? Hier gibt es eine klare Antwort: Margarine ist besser als Butter. Margarine ist besser als Butter, weil sie gesünder, haltbarer und preiswerter ist. Margarine ist gesund, weil sie mit hochwertigen Pflanzenölen wie beispielsweise Rapsöl hergestellt wird. Die Zutaten wachsen überwiegend in Deutschland. Aus ernährungsmedizinischer Sicht ist es hervorragend, dass sich Rapsöl zum wichtigsten Speiseölsorte in Deutschland entwickelt hat.

Wer jedoch im Internet recherchiert findet auf vielen Seiten geradezu schreckliche Dinge über Margarine. Motorfett, Industriebutter oder transfettsäurereiches Kunstfett sind noch die erfreulichsten Behauptungen über Margarine. Bei Butter sieht man überall Weiden, Kühe auf Almen, Sennerinnen die Butter in hölzernen Trögen buttern. Margarine ist also Industrie und Butter wird in Kleinstproduktion erzeugt, nachdem die Milchkühe per Hand auf saftigen Wiesen gemolken worden sind. Kommt Ihnen schon etwas merkwürdig vor? In der Regel steht die Milchkuh in Europa eben nicht auf der Weide, sondern in einem Massenstall. Oft eingepfercht und kaum bewegungsfähig zu Hunderten in klimatisieren Ställen. Hier muss die Hochleistungskuh, die praktisch immer Schwanger und Säugend ist, bis zu 50 Liter Milch am Tag geben. Um das zu erreichen, braucht sie optimiertes Industriefutter. Aus Gras kann keine Kuh so viel Milch erzeugen. Also die preiswerte Butter von auf Wiesen grasenden Kühen ist ein mehr Wunschtraum und leider keine Realität. Die meisten Kühe in Deutschland stehen nicht auf der Wiese oder Weide und fressen das ganze Jahr über Gras. Viele Milchkühe in Deutschland müssen leiden, damit wir Milch trinken können und Butter aufs Brötchen schmieren können. Aber es gibt auch Ausnahmen in anderen Ländern gibt es tatsächlich Kühe auf der Weide und auch Bioprodukte schneiden besser ab als viele Butter-Sorten aus Deutschland. Steht Weidemilch auf der Butter, ist auch Weidemilch drin.

Nach der Definition der EG-Streichfett-Verordnung – ja, das heißt wirklich so – ist Margarine ein bei einer Temperatur von 20 Grad Celsius fest bleibendes, streichfähiges Erzeugnis in Form einer festen, plastischen Emulsion, überwiegend nach dem Typ Wasser in Öl, das aus festen und/oder flüssigen pflanzlichen und/oder tierischen Fetten gewonnen wurde, für die menschliche Ernährung geeignet ist und dessen Milchfettgehalt im Enderzeugnis höchstens 3 Prozent des Fettgehalts beträgt. Margarine wird heute aus pflanzlichen Ölen wie Rapsöl, pflanzlichen Fetten und Trinkwasser hergestellt. Margarine ist einer der wichtigste Lieferant von essentiellen – also lebenswichtigen – Fettsäuren und fettlöslichen Vitaminen in unserer Ernährung. Butter kann kaum zur Versorgung mit lebenswichtigen Fettsäuren beitragen, enthält dafür aber reichlich gesättigte Fettsäuren, die nicht gesundheitsförderlich sind.

Und woher kommt jetzt die Margarine? Aus der Erdölindustrie? Aus dem Genlabor? Nein, Margarine kommt sozusagen vom Feld. Sie besteht in erster Linie aus hochwertigen Pflanzenölen. In Deutschland ist Rapsöl die Hauptzutat in Margarine. Wussten Sie, dass Sie Margarine innerhalb weniger Minuten zuhause ganz ohne Chemie selbst machen können? Und ähnlich wird Margarine auch hergestellt. Aber wie steht es um den Gesundheitswert von Butter und Margarine?

Im Internet ist zu lesen, dass Butter leicht verdaulich ist und Margarine reichlich gefährliche Transfettsäuren enthält. Die Margarineindustrie erzählt uns seit Jahrzehnten etwas von Cholesterinspiegelsenkung und das Buttermarketing behauptet, dass gesättigte Fettsäuren ungefährlich – wenn nicht sogar gesund – sind. Ich habe für dieses Buch 19 verschiedene Fette – von Butter über Margarine bis zu Butterschmalz und Halbfettprodukten – in einem renommierten, zertifizierten Labor untersuchen lassen. Die Ergebnisse sind erstaunlich. Butter enthält bis zu 11 mal mehr Transfettsäuren. Und selbst die Butter mit dem geringsten Transfettsäuregehalt von 2,45 Gramm Transfettsäuren auf 100 g enthält noch 3 mal soviel Transfettsäuren wie die Margarine, die den höchsten Gehalt davon hat. Daraus lässt sich leicht ableiten, dass Butter reich an Transfettsäuren ist und Margarine wenig davon enthält. Transfettsäuren erhöhen das Risiko für Herz-Kreislauf-Erkrankungen. Es sollten möglichst nicht mehr als 2 Gramm davon aufgenommen werden. Reich an Transfettsäuren sind Butter, damit hergestellte Lebensmittel, vollfette Milch, Sahne, fetter Käse, fettes Rindfleisch, frittierte Produkte oder bestimmte Gebäcksorten. Die Liste der transfettsäurereichen Lebensmittel ist lang. Wer gesund leben möchte, nimmt möglichst wenig davon auf. Ich empfehle Ihnen auf transfettsäurereiche Streich- und Kochfette zu verzichten, um Ihre Gesundheit nicht zu belasten. Margarine, hochwertige Pflanzenöle wie Raps-, Lein- und Walnussöl sowie täglich eine Handvoll Nüsse fördern Ihre Gesundheit. Guten Appetit mit pflanzlichen Fetten sowie zweimal wöchentlich Fisch und wenig anderen tierischen Fetten wie Butter, fettes Fleisch, fette Milch und Co.

Seit mehr als 20 Jahren bin ich Buchautor. Ich habe mehr als 60 Titel verfasst. Darunter auch Titel wie „Mythos Süßstoff", „Die dicksten Diätlügen", „Moderne Ernährungsmärchen" oder „Cholesterin natürlich senken". Mich hat es nie interessiert, was die Industrie möchte. Mich interessiert die Wahrheit oder wenigstens der momentane Wissenschaftsstand. Das Wirrwar im Fettbereich hat mich in den vergangenen drei Jahren nicht ruhen lassen. Ich habe mit Kolleginnen und Kollegen viele Studien analysiert. Aber damit nicht genug. Ich wollte es genau wissen. Also habe ich beim LUFA-ITL Labor der AGROLAB GROUP GmbH in Kiel eine Untersuchung von 19 verschiedenen Streichfetten in Auftrag gegeben. Die Ergebnisse haben mich sehr erstaunt und mir gezeigt, wie weit es die Marketingstrategen scheinbar bringen können. Transfettsäuren stecken reichlich in Butter und in geringen Mengen, die teilweise kaum nachweisbar sind, in Margarine. Wie kann das sein? Jeden Tag ist irgendwo zu lesen, dass Margarine reichlich Transfettsäuren enthält. Das ist eine echte Lüge. Und Butter ist besser als Margarine. Und dass obwohl Butter reich an gefährlichen Transfettsäuren ist. Und Butter enthält reichlich Cholesterin – Margarine dagegen praktisch nicht. Und auch wenn die meisten Menschen auf die Nahrungscholesterinzufuhr nicht mit einem extremen Anstieg des Cholesterinspiegels reagieren. Cholesterin in größeren Mengen kann die Gesundheit schädigen. Der Gesundheitswert der Margarine ist insbesondere durch ihren hohen Gehalt von ungesättigten Fettsäuren bestimmt. Zudem enthält Margarine im Vergleich zu Butter wenig gesättigte Fettsäuren. Aktuelle Leitlinien der Deutschen Adipositas Gesellschaft und der Deutschen Diabetes Gesellschaft sowie nationale und internationale Veröffentlichungen haben dazu geführt, dass die Empfehlung eine eher fettarme Ernährungsweise als gesundheitsförderlich zu bezeichnen, nicht mehr haltbar ist. Sogar die Ernährungstherapie zur Gewichtsreduktion kann in Form einer Low-Carb-Diät gestaltet werden. Im Bereich Fett gibt es einen Paradigmenwechsel. Fett ist nicht mehr grundsätzlich böse, sondern es wird in normalen Mengen – bis 40 Prozent der Energiezufuhr – als gesundheitsförderlich eingeschätzt. Aber die richtigen Fette müssen es sein. Und die richtigen Fette enthalten vornehmlich ungesättigte Fettsäuren, wenig gesättigte Fettsäuren und möglichst wenig Transfettsäuren. Hochwertige Pflanzenöle, Nüsse und Samen, fetter Fisch und Margarine sind also gesünder als fettes Fleisch, fette Milch, fetter Käse und natürlich auch Butter. Besonders gesund sind auch weiterhin Gemüse, Frischobst und Vollkornprodukte in moderater Menge. Die Empfehlung für die Kohlenhydratzufuhr lautet nicht mehr, je mehr, desto besser. Es sollten möglichst Kohlenhydratträger bevorzugt werden, die den Blutzuckerspiegel langsam ansteigen lassen – also einen geringen glykämischen Index und eine ebensolche glykämische Last haben.

Die Recherche zu diesem Buch hat mich immer wieder massiv zweifeln lassen. Lobbyisten und Marketingstrategen bestimmen scheinbar die Verlautbarungen der Ernährungsmedizin und Ernährungswissenschaft mehr als die Wahrheit, die an Studien, wissenschaftlichen Veröffentlichungen und medizinischen oder ernährungsmedizinischen Leitlinien abzulesen ist. Ich hoffe sehr, dass ich mit diesem Buch Anregungen und Informationen geben kann. Ich selbst essen fast immer Margarine und selten Butter. Und ich verrate Ihnen in diesem Buch, wie Sie Margarine ganz einfach und ohne komplizierte Hilfsmittel in wenigen Minuten aus gesunden Zutaten selbst zubereiten können. Wie wärs einmal mit einer leckeren selbstmachten Margarine auf dem Brot oder einer aromatischen selbstgemachten Walnuss-Margarine für ein tolles Backrezept? Oder im Sommer mit einer würzigen Kräutermargarine. Lassen Sie sich von mir zu einer neuen gesunden Küche verführen.

Wie Kühe für die „Milchproduktion" gequält werden - Gequälte Rinder

Damit die Agrarbetriebe und Milchindustrie Butter produzieren kann, braucht sie viel Milch und die stammt von Milchkühen. Wenn Sie jetzt an idyllische Kühe auf Weiden in den Bergen denken, müssen Sie umdenken. Unsere Milchkühe werden grausam gehalten und die Milchgewinnung erinnert mehr an Milchindustrie und Qual. Daneben trinken wir den Kälbchen auch noch die Milch weg. In Deutschland werden rund 12,5 Millionen Rinder gehalten. Davon sind ungefähr 4,2 Millionen Milchkühe. Fünf Prozent der weltweiten Milchproduktion findet in Deutschland statt. Diese Zahl ist extrem hoch, da nur 0,8 Prozent der Weltbevölkerung in Deutschland leben. Das Gros der Milchkühe „lebt" in

Laufstallhaltung. Nur ein kleiner Teil der Milchkühe „lebt" auf der Weide. Und diese wenigen Weidekühe leben auch nur einige Monate draußen.

Die meisten Milchkühe werden in Liegeboxenlaufställen gehalten. Sie „leben" auf Beton-Spaltenböden und haben wenig Bewegungsmöglichkeiten. In der Regel „lebt" die Industriemilchkuh in Betrieben von 50 bis 99 Tieren. Sie haben nur 4,5 Quadratmeter Platz – das ist ziemlich wenig für ein Tier von 600 bis 750 Kilogramm. Das wäre so, als müssten 7 bis 10 Menschen auf noch nicht einmal 5 Quadratmetern leben oder vielmehr existieren und schlafen.

Fast ein Drittel der Milchkühe „lebt" unter noch schlechteren Bedingungen: der Anbindehaltung. Sie können sich praktisch nicht bewegen. Über Halsrahmen oder Eisenketten werden die Milchkühe in Gittervorrichtungen fixiert. Diese ist 140 bis 180 Zentimeter lang und 110 bis 120 Zentimeter breit. So werden unsere „Milchkühe" ohne Unterbrechung oft ein „Milch-Leben" lang gehalten. Sie können sich nicht einmal umdrehen, gehen, kratzen oder ihr Sozialleben mit Artgenossen ausleben.

Freilaufende Kühe auf Alpenwiesen gibt es insbesondere in der Werbung. Irland ist eine Ausnahme – hier geht es den Milchkühen besser als in Deutschland. Weniger als die Hälfte des Jahres haben rund 40 Prozent der Kühe die Möglichkeit auf der Wiese zu leben. Viele Milchkühe bekommen die Außenwelt nur auf dem Weg zum Tiertransport zu sehen.

Haltung und Milchproduktion fragwürdig

Wenn Sie sich jetzt angewidert abwenden und sich sagen, dass sie wohl doch den Kälbchen die Milch nicht mehr wegtrinken wollen und Butter besser aus dem Speiseplan streichen möchten, wird es aber noch schlimmer. Die Haltung ist schon „unmenschlich" – wobei natürlich Milchkühe keine Menschen sind. Aber eine übliche Haltung ist nicht artgerecht. Eigentlich gibt die Kuh ja Milch für ihre Kälber. Für den Menschen gibt sie eigentlich keine Milch. Die Natur hat für uns weder Kuhmilch noch Käse oder Butter vorgesehen. Das darf nicht vergessen werden. Wenn man sich die Bedingungen von Haltung, Transport und Schlachtung von Kühen vor Augen hält, kann man Vegetarier schon gut verstehen. Wenn Sie aber jetzt noch mehr über die „industrielle Milchproduktion" lesen, wird es nicht besser!

Die Milchproduktion erfolgt in Deutschland und anderen Industrieländern sozusagen industriell. Es darf nicht vergessen werden, dass Kühe nur dann Milch geben, wenn sie ein Kalb geboren haben. Damit Milchkühe fast ständig Milch geben, werden Sie lebenslang einmal im Jahr künstlich befruchtet. Sie werden nach der Schwangerschaft – wie beim Menschen neun Monate – als auch während der nächsten Schwangerschaft gemolken. Nur die letzten zwei Monate vor der Geburt des neuen Kalbes werden sie nicht gemolken. Eine Milchkuh gibt also 10 Monate im Jahr Milch.

Unter natürlichen Bedingungen gibt eine Milchkuh 8 bis 10 Liter Milch täglich. In der industriellen Milchproduktion erhöht sich diese Menge extrem. Für diese industrielle Milchproduktion werden ausschließlich speziell gezüchtete Hochleistungsrassen eingesetzt. Diese Milchkühe geben täglich bis zu 45 oder sogar 50 Liter Milch. Bei einem Gewicht von 650 Kilogramm. Das wäre so, als würde eine stillende Mutter mit 65 Kilogramm rund 5 Liter Muttermilch „geben". Das ist ein vielfaches der tatsächlich gebildeten Muttermilch Menge. Eine unvorstellbare Menge. Aber für die Milchkuh ist das in der Milchindustrie kein Problem.

Merke: Während 1970 3.500 kg Milch pro Jahr und Milchkuh erzeugt wurde, waren es 2012 bereits 7.000 kg Milch.

Eine Spitzenkuh gibt mehr als 15.000 Liter Milch in einem Jahr. 15 Tonnen Milch. Das diese Höchstleistung den Körper der Milchkühe belastet oder vielmehr überlastet und leicht zu akuten und chronischen Krankheiten führt, ist leicht nachzuvollziehen. Es kann fast als Glück bezeichnet werden, dass Milchkühe nur ein Bruchteil der Lebenserwartung eines Rindes erreichen. Nach durchschnittlich 4,2 Jahren müssen oder können sie keine Milch mehr geben und werden geschlachtet. Nach 4 bis 5 Jahren sind die Industrie-Milchkühe körperlich ausgezehrt, nicht mehr rentabel und müssen zur Schlachtbank.

Milchkühe geben kaum Milch für ihre Kälber

Die Kälber werden kurz nach der Geburt von ihren Müttern isoliert. Das verstört die Tiere extrem. Aber die Kuhmilch ist schließlich für die Menschen bestimmt und nicht für die Kälber. Die Kälber erhalten nachdem sie von ihren Müttern getrennt worden sind Milchaustauscher, der wenigstens etwas Molkepulver enthält. Die weiblichen Kälbchen

müssen so schnell es geht selbst zur Milchkuh werden. Die männlichen Tiere werden
gemästet, um dann geschlachtet zu werden.

Gesundheitsschäden bei Milchkühen

Die Europäische Behörde für Lebensmittelsicherheit (EFSA) hat die körperlichen Schäden
und Leiden wissenschaftlich im Jahr 2009 untersucht.

Einige der Krankheiten führen unbehandelt zu einem frühzeitigen Tod oder zu einer
schwächeren Milchleistung, was wiederum den verfrühten Tod im Schlachthaus bedeutet.
Und die Medikamente, die zur Behandlung der Leiden eingesetzt werden landen –
zumindest teilweise – in der Milch. Solange die Grenzwerte unterschritten werden ist das
schließlich kein Problem! Zumindest keines für die Gesetzeshüter. Wohl aber für Ihre
Gesundheit! Milch und daraus hergestellte Produkte können mit Medikamenten belastet
sein. Kühe erleiden durch die Züchtung auf Hochleistung sowie die jeweiligen
Haltungsbedingungen und das oftmals schlechte Haltungsmanagement häufig an
Gesundheitsstörungen. Besonders häufig sind:

- Schmerzhafte Entzündung der Milchgänge und Milchdrüsen
- Diverse Verletzungen des Euters durch Melkmaschinen
- Veränderungen der Klauen und Gelenke (Steckenbleiben in Vollspaltenböden),
  Sohlen-Ballen-Geschwüre – teilweise bedingt durch die unnatürliche Gangart, die
  durch überdimensionale Euter hervorgerufen wird
- Erkrankungen der Verdauungsorgane
- Stoffwechselerkrankungen wie Ketose (Übersäuerung) und Fettleber durch zu
  geringe Raufuttergabe
- Hautveränderungen (Ekzeme) an den Oberschenkeln, die durch das ständige
  Aneinanderreiben von Euter- und Oberschenkelhaut bedingt sind.

Nach der industriellen Milchproduktion folgt die Schlachtung

Die häufigsten Ursachen für die Schlachtung sind Unfruchtbarkeit und die
Stoffwechselkrankheit Ketose (Übersäuerung), von der Experten annehmen, dass subklinisch

bis zu 30 Prozent aller Milchkühe in Deutschland an ihr erkranken. Unfruchtbarkeit, die sich aus der körperlichen Überbelastung bei zu geringer Energieaufnahme ergeben kann, ist mit 20% der häufigste Grund für die vorzeitige Schlachtung einer Kuh. Wenn die Kühe weniger Milch geben, ist die Zeit der Schlachtung gekommen. Unter oft grausamen Bedingungen werden die Milchkühe zur Schlachtung transportiert. Jedes Jahr werden in Deutschland ungefähr 1,4 Millionen Kühe geschlachtet. Zuvor werden sie mit einem Bolzenschussgerät betäubt. Nach dem Schuss in den Kopf werden die Milchkühe mit einem Bein an einem Kettenzug aufgehängt. Danach wird die Halsschlagader durchtrennt, damit die Kühe ausbluten können. Durch den Massenbetrieb kommt es immer wieder zu Fehlschüssen. Mindestens 5 Prozent der Kühe erleben das Ausbluten bei vollem Bewusstsein. Mit dem Ausbluten kommt es zum Tod, da das Gehirn nicht mehr ausreichend mit Sauerstoff versorgt wird. Die toten Tiere werden vom Kopf, den Häuten … „befreit". Danach erfolgt die Zerteilung und Verarbeitung.

In jedem Falle muss eine tiergerechtere Haltung und Schlachtung der Tiere erfolgen. Der Deutsche Tierschutzbund fordert gesetzliche Regelungen für die Haltung von Milchkühen. Leider wird eine „tierfreundliche" Haltung kaum gefördert. Wer jetzt glaubt, dass es „Biorindern" oder „Biomilchkühen" viel besser geht, irrt meist. Zudem sind noch nicht einmal 6 Prozent der in Deutschland gehaltenen Rinder „Bio-Rinder". Und Bio-Milchkühe gibt es noch seltener – nur 3 Prozent gehören dazu. Der Gesetzgeber muss sich endlich um die Milchkühe kümmern, damit der Verbraucher ohne schlechtes Gewissen auch Butter essen kann.

Nicht nur Tierschützer fordern, dass das schmerzhafte Enthornen von Kälbern mit dem Brenneisen ohne Betäubung vor der sechsten Lebenswoche und natürlich auch die ganzjährige Anbindehaltung in dunklen Ställen gesetzlich verboten endlich werden müssen. Milchkühe haben eine natürliche Lebenserwartung von ungefähr 20 Jahren. In Deutschland werden die Milchkühe aber nur 4,6 Jahre alt. Für sehr viele von ihnen gehören Krankheiten, Schmerzen, Stress und ein Leben im Stall zu Alltag. Viele Milchkühe dürfen einfach niemals auf der Weide grasen. Aber an diesen Zuständen ist auch der Verbraucher mitschuldigt. Er verlangt nach immer preiswerteren – oder auch billigeren – Milchprodukten. Das geht auch auf Kosten der Tiere.

Mehr als vier Millionen Milchkühe leben in Deutschland. Trotzdem gibt es im Gegensatz zu Hühnern und Schweinen keine eigene Verordnung zu ihrer Haltung. Mindeststandards sind daher so gut wie nicht vorhanden. Saftige Weiden mit viel Auslauf sind zwar auf fast jeder Milchpackung zu sehen, mit dem Leben der meisten Milchkühe in Deutschland hat das jedoch wenig zu tun. Nur mit Hilfe von Hormonen gelingt, es dass eine Kuhl jedes Jahr schwanger wird. Die Besamung und eine natürliche Trächtigkeit durch einen Bullen erfolgt in der Regeln nur auf ökologischen Milchhöfen. Damit die Kuh ausreichend Milch geben kann, bekommt sie Kraftfutter. Wer bei der Milchkuhfütterung an natürliches Futter von der Weide denkt, denkt für das Gros der Milchkühe in die falsche Richtung. Das Kraftfutter schädigt die Gesundheit der Kühe. Sojabohnen und Getreide sind kein „kuhgerechtes" Futter.

Fettgesunder Tag Fettbewusste Ernährungsweise ist lecker und gesund

Welche Auswirkungen auf die Ernährung hat die Untersuchung von Streichfetten im LUFA ITL Labor und wie wirken sich die aktuellen wissenschaftlichen Studien und medizinischen Leitlinien auf die gesundheitsbewusste Ernährungsweise aus? In jedem Falle sind Transfettsäuren strikt zu meiden. Daher ist Butter im Speiseplan gestrichen. Zudem muss die Zufuhr gesättigter Fettsäuren reduziert und die von mehrfach ungesättigten Fettsäuren – insbesondere essentielle Fettsäuren und Omega-3-Fettsäuren reduziert werden. Fett in Form von essentiellen Fettsäuren ist lebensnotwendig. Andererseits hat Fett den höchsten Energiegehalt der Nährstoffe. Er liegt mit 9 Kilokalorien (kcal) pro Gramm mehr als doppelt so hoch wie bei Kohlenhydraten und Proteinen, die „nur" 4 kcal pro Gramm enthalten.

Aktuelle Studien und medizinische Leitlinien der Deutschen Adipositas Gesellschaft und der Deutschen Diabetes Gesellschaft zeigen deutlich, dass die bisherige Empfehlung einer eher fettarmen Ernährungsweise mit 30 Energieprozent Fett weiterhin nicht zu halten ist. Sinnvoller und gesünder ist eine Fettzufuhr von 35 bis 40 Energieprozent. Dabei ist es wichtig, dass die zugeführten Fette ungesättigt sind und auch gesättigte Fettsäuren und Transfettsäuren weitgehend verzichtet wird.

Der Effekt ungesättigter Fettsäuren wird durch viele Studien bestätigt. Dazu gehört auch die groß angelegte Nurses Health Study an der mehr als 80.000 Krankenschwestern beteiligt sind. Auswertungen dieser Langzeitstudie zeigen, dass der Austausch von 5 Energieprozent gesättigten Fettsäuren durch mehrfach ungesättigte Fettsäuren das Risiko für Herz-Kreislauferkrankungen um 80 Prozent reduziert. Die Effekte von mehrfach ungesättigten Fettsäuren sind dabei besonders gut. Untersuchungen beweisen, dass der Austausch von gesättigten durch einfach ungesättigte Fettsäuren keinen Einfluss auf das Herz-Kreislauferkrankungsrisiko hat. Auch der Austausch von gesättigten Fettsäuen durch Kohlenhydrate hat kaum Effekte. Nur wenn gesättigte Fettsäuren durch mehrfach ungesättigte Fettsäuren ersetzt werden, sinkt das Risiko massiv und zwar um fast ein Viertel. Dafür ist es schon ausreichend, Butter durch Margarine zu ersetzen, weniger fette Wurst zu essen und täglich eine Handvoll Nüsse zu verzehren.

Vieler Untersuchungen zufolge reicht die bisherige Aufnahme von alpha-Linolensäure (Omega-3-Fettsäure) in Deutschland nicht aus, um sich optimal vor Herz-Kreislauf-Krankheiten zu schützen und das Verhältnis Omega-3 zu Omega-6-Fettsäuren zu optimieren. Die Zufuhr von Linolsäure (Omega-6-Fettsäure) liegt nur leicht unterhalb der optimalen Zufuhr.

Momentan stammen momentan rund 45 Prozent der Fettaufnahme aus gesättigten Fettsäuren. Das ist gefährlich viel und übersteigt die Empfehlung … um … Prozent. Daher ist es auch nicht verwunderlich, dass Herz-Kreislauf-Erkrankungen immer noch zu den häufigsten Todesursachen in Deutschland gehören.

Zusammensetzung des Mustertagesplan

35 bis 40 % Fett

15 bis 20 % Eiweiß

Weniger als 50 % Kohlenhydrate – optimal sind 40 % mit niedrigem glykämischen Index

Musterplan

Lebensmittel	Menge	Energie	Wasser	Fett	mf. ι
	G	kcal	G	g	g
Frühstück					
Vollkornbrötchen (allgemein)	100	219,6	38,6	1,5	
Margarine Diätmargarine	20	144,3	3,8	16	
Sauerkirsche Konfitüre	25	62,8	9,3	0	
Harzer. Korbkäse. Mainzer Handkäse	30	37,9	19,2	0,2	
Kaffee mit Kondensmilch (Getränk)	250	15,5	246,5	0,6	
Zwischenmahlzeit					
Natürliches Mineralwasser	700	0	698,2	0	
Banane	150	134,4	112,8	0,3	
Mittagessen					
Kartoffel. Roh	200	139,6	155,6	0,2	
Petersilienblatt	3	1,6	2,4	0	
Broccoli roh	250	70,5	222,3	0,5	
Rind Hackfleisch roh	125	259,3	80,1	17,5	
Rüböl (Rapsöl)	10	88,4	0	10	
Birne roh	130	67,7	108,5	0,4	
Jodiertes Speisesalz mit Zusatz von Fluorid und Folsäure	0,5	0	0	0	
Abendessen					
Vollkornbrot mit Ölsamen	100	218,9	40,1	3,1	
Margarine Diätmargarine	20	144,3	3,8	16	
Schwein Keule (Schinken) (ma) gekocht	30	51,5	19,2	1,9	
Emmentaler	30	113,4	11,7	9	
Tomaten	150	26,2	140,9	0,3	
Zwiebeln	20	5,5	18,3	0,1	
Küchenkräuter I frisch (Kräutermischung für	5	2,6	4,1	0	

Salate)				
Walnussöl	5	44,8	0	5
Jodiertes Speisesalz mit Zusatz von Fluorid und Folsäure	0,5	0	0	0
Zwischen- oder Spätmahlzeit				
Apfel roh	130	79,2	107,2	0,1
Joghurt 1,5% Fett	150	73,9	133,2	2,4
Natürliches Mineralwasser	700	0	698,2	0
Summe:		**2002**	**2874,3**	**84,9**

Verfasser:

Dr. h.c. (AM) Sven-David Müller, M.Sc.

Medizinjournalist und Gesundheitspublizist

Master of Science in Applied Nutritional Medicine

staatlich anerkannter Diätassistent

Diabetesberater der Deutschen Diabetes Gesellschaft

Zentrum und Praxis für Ernährungskommunikation, Diätberatung

und Gesundheitspublizistik (ZEK)

1. Vorsitzender des Deutschen Kompetenzzentrum Gesundheitsförderung und Diätetik e.V.

Ostheimer Straße 27d in 61130 Nidderau bei Frankfurt am Main

Telefon 06187 9948600, Handy 0172-3854563

www.svendavidmueller.de

www.muellerdiaet.de

www.dkgd.de